Roman Numerals:

I to MMM 1 to 3000

Oliver Lawrence

Copyright © 2014 by Oliver Lawrence

Website: OliverLawrence.com

Email: Dr@OliverLawrence.com

Contents

Introduction .... **Error! Bookmark not defined.**
Arabic/Roman Numerals 1 to 50 1
Arabic/Roman Numerals 51 to 100 2
Arabic/Roman Numerals 101 to 150 3
Arabic/Roman Numerals 151 to 200 4
Arabic/Roman Numerals 201 to 250 5
Arabic/Roman Numerals 251 to 300 6
Arabic/Roman Numerals 301 to 350 7
Arabic/Roman Numerals 351 to 400 8
Arabic/Roman Numerals 401 to 450 9
Arabic/Roman Numerals 451 to 500 10
Arabic/Roman Numerals 501 to 550 11
Arabic/Roman Numerals 551 to 600 12
Arabic/Roman Numerals 601 to 650 13
Arabic/Roman Numerals 651 to 700 14
Arabic/Roman Numerals 701 to 750 15
Arabic/Roman Numerals 751 to 800 16
Arabic/Roman Numerals 801 to 850 17
Arabic/Roman Numerals 851 to 900 18
Arabic/Roman Numerals 901 to 950 19
Arabic/Roman Numerals 951 to 1000 20
Arabic/Roman Numerals 1001 to 1050 21
Arabic/Roman Numerals 1051 to 1100 22
Arabic/Roman Numerals 1101 to 1150 23
Arabic/Roman Numerals 1151 to 1200 24
Arabic/Roman Numerals 1201 to 1250 25
Arabic/Roman Numerals 1251 to 1300 26
Arabic/Roman Numerals 1301 to 1350 27
Arabic/Roman Numerals 1351 to 1400 28
Arabic/Roman Numerals 1401 to 1450 29
Arabic/Roman Numerals 1451 to 1500 30
Arabic/Roman Numerals 1501 to 1550 31
Arabic/Roman Numerals 1551 to 1600 32
Arabic/Roman Numerals 1601 to 1650 33

Arabic/Roman Numerals 1651 to 1700 34
Arabic/Roman Numerals 1701 to 1750 35
Arabic/Roman Numerals 1751 to 1800 36
Arabic/Roman Numerals 1801 to 1850 37
Arabic/Roman Numerals 1851 to 1900 38
Arabic/Roman Numerals 1901 to 1950 39
Arabic/Roman Numerals 1951 to 2000 40
Arabic/Roman Numerals 2001 to 2050 41
Arabic/Roman Numerals 2051 to 2100 42
Arabic/Roman Numerals 2101 to 2150 43
Arabic/Roman Numerals 2151 to 2200 44
Arabic/Roman Numerals 2201 to 2250 45
Arabic/Roman Numerals 2251 to 2300 46
Arabic/Roman Numerals 2301 to 2350 47
Arabic/Roman Numerals 2351 to 2400 48
Arabic/Roman Numerals 2401 to 2450 49
Arabic/Roman Numerals 2451 to 2500 50
Arabic/Roman Numerals 2501 to 2550 51
Arabic/Roman Numerals 2551 to 2600 52
Arabic/Roman Numerals 2601 to 2650 53
Arabic/Roman Numerals 2651 to 2700 54
Arabic/Roman Numerals 2701 to 2750 55
Arabic/Roman Numerals 2751 to 2800 56
Arabic/Roman Numerals 2801 to 2850 57
Arabic/Roman Numerals 2851 to 2900 58
Arabic/Roman Numerals 2901 to 2950 60
Arabic/Roman Numerals 2951 to 3000 61

I to MMM 1 to 3000

Arabic/Roman Numerals 1 to 50

1	I	2	II	3	III	4	IV	5	V
6	VI	7	VII	8	VIII	9	IX	10	X
11	XI	12	XII	13	XIII	14	XIV	15	XV
16	XVI	17	XVII	18	XVIII	19	XIX	20	XX
21	XXI	22	XXII	23	XXIII	24	XXIV	25	XXV
26	XXVI	27	XXVII	28	XXVIII	29	XXIX	30	XXX
31	XXXI	32	XXXII	33	XXXIII	34	XXXIV	35	XXXV
36	XXXVI	37	XXXVII	38	XXXVIII	39	XXXIX	40	XL
41	XLI	42	XLII	43	XLIII	44	XLIV	45	XLV
46	XLVI	47	XLVII	48	XLVIII	49	XLIX	50	L

Roman Numerals

Arabic/Roman Numerals 51 to 100

51	LI	52	LII	53	LIII	54	LIV	55	LV
56	LVI	57	LVII	58	LVIII	59	LIX	60	LX
61	LXI	62	LXII	63	LXIII	64	LXIV	65	LXV
66	LXVI	67	LXVII	68	LXVIII	69	LXIX	70	LXX
71	LXXI	72	LXXII	73	LXXIII	74	LXXIV	75	LXXV
76	LXXVI	77	LXXVII	78	LXXVIII	79	LXXIX	80	LXXX
81	LXXXI	82	LXXXII	83	LXXXIII	84	LXXXIV	85	LXXXV
86	LXXXVI	87	LXXXVII	88	LXXXVIII	89	LXXXIX	90	XC
91	XCI	92	XCII	93	XCIII	94	XCIV	95	XCV
96	XCVI	97	XCVII	98	XCVIII	99	XCIX	100	C

I to MMM 1 to 3000

Arabic/Roman Numerals 101 to 150

101	CI	102	CII	103	CIII	104	CIV	105	CV
106	CVI	107	CVII	108	CVIII	109	CIX	110	CX
111	CXI	112	CXII	113	CXIII	114	CXIV	115	CXV
116	CXVI	117	CXVII	118	CXVIII	119	CXIX	120	CXX
121	CXXI	122	CXXII	123	CXXIII	124	CXXIV	125	CXXV
126	CXXVI	127	CXXVII	128	CXXVIII	129	CXXIX	130	CXXX
131	CXXXI	132	CXXXII	133	CXXXIII	134	CXXXIV	135	CXXXV
136	CXXXVI	137	CXXXVII	138	CXXXVIII	139	CXXXIX	140	CXL
141	CXLI	142	CXLII	143	CXLIII	144	CXLIV	145	CXLV
146	CXLVI	147	CXLVII	148	CXLVIII	149	CXLIX	150	CL

Arabic/Roman Numerals 151 to 200

151	CLI	152	CLII	153	CLIII	154	CLIV	155	CLV
156	CLVI	157	CLVII	158	CLVIII	159	CLIX	160	CLX
161	CLXI	162	CLXII	163	CLXIII	164	CLXIV	165	CLXV
166	CLXVI	167	CLXVII	168	CLXVIII	169	CLXIX	170	CLXX
171	CLXXI	172	CLXXII	173	CLXXIII	174	CLXXIV	175	CLXXV
176	CLXXVI	177	CLXXVII	178	CLXXVIII	179	CLXXIX	180	CLXXX
181	CLXXXI	182	CLXXXII	183	CLXXXIII	184	CLXXXIV	185	CLXXXV
186	CLXXXVI	187	CLXXXVII	188	CLXXXVIII	189	CLXXXIX	190	CXC
191	CXCI	192	CXCII	193	CXCIII	194	CXCIV	195	CXCV
196	CXCVI	197	CXCVII	198	CXCVIII	199	CXCIX	200	CC

I to MMM 1 to 3000

Arabic/Roman Numerals 201 to 250

201	CCI	202	CCII	203	CCIII	204	CCIV	205	CCV
206	CCVI	207	CCVII	208	CCVIII	209	CCIX	210	CCX
211	CCXI	212	CCXII	213	CCXIII	214	CCXIV	215	CCXV
216	CCXVI	217	CCXVII	218	CCXVIII	219	CCXIX	220	CCXX
221	CCXXI	222	CCXXII	223	CCXXIII	224	CCXXIV	225	CCXXV
226	CCXXVI	227	CCXXVII	228	CCXXVIII	229	CCXXIX	230	CCXXX
231	CCXXXI	232	CCXXXII	233	CCXXXIII	234	CCXXXIV	235	CCXXXV
236	CCXXXVI	237	CCXXXVII	238	CCXXXVIII	239	CCXXXIX	240	CCXL
241	CCXLI	242	CCXLII	243	CCXLIII	244	CCXLIV	245	CCXLV
246	CCXLVI	247	CCXLVII	248	CCXLVIII	249	CCXLIX	250	CCL

Roman Numerals

Arabic/Roman Numerals 251 to 300

251	CCLI	252	CCLII	253	CCLIII	254	CCLIV	255	CCLV
256	CCLVI	257	CCLVII	258	CCLVIII	259	CCLIX	260	CCLX
261	CCLXI	262	CCLXII	263	CCLXIII	264	CCLXIV	265	CCLXV
266	CCLXVI	267	CCLXVII	268	CCLXVIII	269	CCLXIX	270	CCLXX
271	CCLXXI	272	CCLXXII	273	CCLXXIII	274	CCLXXIV	275	CCLXXV
276	CCLXXVI	277	CCLXXVII	278	CCLXXVIII	279	CCLXXIX	280	CCLXXX
281	CCLXXXI	282	CCLXXXII	283	CCLXXXIII	284	CCLXXXIV	285	CCLXXXV
286	CCLXXXVI	287	CCLXXXVII	288	CCLXXXVIII	289	CCLXXXIX	290	CCXC
291	CCXCI	292	CCXCII	293	CCXCIII	294	CCXCIV	295	CCXCV
296	CCXCVI	297	CCXCVII	298	CCXCVIII	299	CCXCIX	300	CCC

I to MMM 1 to 3000

Arabic/Roman Numerals 301 to 350

301	CCCI	302	CCCII	303	CCCIII	304	CCCIV	305	CCCV
306	CCCVI	307	CCCVII	308	CCCVIII	309	CCCIX	310	CCCX
311	CCCXI	312	CCCXII	313	CCCXIII	314	CCCXIV	315	CCCXV
316	CCCXVI	317	CCCXVII	318	CCCXVIII	319	CCCXIX	320	CCCXX
321	CCCXXI	322	CCCXXII	323	CCCXXIII	324	CCCXXIV	325	CCCXXV
326	CCCXXVI	327	CCCXXVII	328	CCCXXVIII	329	CCCXXIX	330	CCCXXX
331	CCCXXXI	332	CCCXXXII	333	CCCXXXIII	334	CCCXXXIV	335	CCCXXXV
336	CCCXXXVI	337	CCCXXXVII	338	CCCXXXVIII	339	CCCXXXIX	340	CCCXL
341	CCCXLI	342	CCCXLII	343	CCCXLIII	344	CCCXLIV	345	CCCXLV
346	CCCXLVI	347	CCCXLVII	348	CCCXLVIII	349	CCCXLIX	350	CCCL

Arabic/Roman Numerals 351 to 400

351	CCCLI	352	CCCLII	353	CCCLIII	354	CCCLIV	355	CCCLV
356	CCCLVI	357	CCCLVII	358	CCCLVIII	359	CCCLIX	360	CCCLX
361	CCCLXI	362	CCCLXII	363	CCCLXIII	364	CCCLXIV	365	CCCLXV
366	CCCLXVI	367	CCCLXVII	368	CCCLXVIII	369	CCCLXIX	370	CCCLXX
371	CCCLXXI	372	CCCLXXII	373	CCCLXXIII	374	CCCLXXIV	375	CCCLXXV
376	CCCLXXVI	377	CCCLXXVII	378	CCCLXXVIII	379	CCCLXXIX	380	CCCLXXX
381	CCCLXXXI	382	CCCLXXXII	383	CCCLXXXIII	384	CCCLXXXIV	385	CCCLXXXV
386	CCCLXXXVI	387	CCCLXXXVII	388	CCCLXXXVIII	389	CCCLXXXIX	390	CCCXC
391	CCCXCI	392	CCCXCII	393	CCCXCIII	394	CCCXCIV	395	CCCXCV
396	CCCXCVI	397	CCCXCVII	398	CCCXCVIII	399	CCCXCIX	400	CD

I to MMM 1 to 3000

Arabic/Roman Numerals 401 to 450

401	CDI	402	CDII	403	CDIII	404	CDIV	405	CDV
406	CDVI	407	CDVII	408	CDVIII	409	CDIX	410	CDX
411	CDXI	412	CDXII	413	CDXIII	414	CDXIV	415	CDXV
416	CDXVI	417	CDXVII	418	CDXVIII	419	CDXIX	420	CDXX
421	CDXXI	422	CDXXII	423	CDXXIII	424	CDXXIV	425	CDXXV
426	CDXXVI	427	CDXXVII	428	CDXXVIII	429	CDXXIX	430	CDXXX
431	CDXXXI	432	CDXXXII	433	CDXXXIII	434	CDXXXIV	435	CDXXXV
436	CDXXXVI	437	CDXXXVII	438	CDXXXVIII	439	CDXXXIX	440	CDXL
441	CDXLI	442	CDXLII	443	CDXLIII	444	CDXLIV	445	CDXLV
446	CDXLVI	447	CDXLVII	448	CDXLVIII	449	CDXLIX	450	CDL

Roman Numerals

Arabic/Roman Numerals 451 to 500

451	CDLI	452	CDLII	453	CDLIII	454	CDLIV	455	CDLV
456	CDLVI	457	CDLVII	458	CDLVIII	459	CDLIX	460	CDLX
461	CDLXI	462	CDLXII	463	CDLXIII	464	CDLXIV	465	CDLXV
466	CDLXVI	467	CDLXVII	468	CDLXVIII	469	CDLXIX	470	CDLXX
471	CDLXXI	472	CDLXXII	473	CDLXXIII	474	CDLXXIV	475	CDLXXV
476	CDLXXVI	477	CDLXXVII	478	CDLXXVIII	479	CDLXXIX	480	CDLXXX
481	CDLXXXI	482	CDLXXXII	483	CDLXXXIII	484	CDLXXXIV	485	CDLXXXV
486	CDLXXXVI	487	CDLXXXVII	488	CDLXXXVIII	489	CDLXXXIX	490	CDXC
491	CDXCI	492	CDXCII	493	CDXCIII	494	CDXCIV	495	CDXCV
496	CDXCVI	497	CDXCVII	498	CDXCVIII	499	CDXCIX	500	D

I to MMM 1 to 3000

Arabic/Roman Numerals 501 to 550

501	DI	502	DII	503	DIII	504	DIV	505	DV
506	DVI	507	DVII	508	DVIII	509	DIX	510	DX
511	DXI	512	DXII	513	DXIII	514	DXIV	515	DXV
516	DXVI	517	DXVII	518	DXVIII	519	DXIX	520	DXX
521	DXXI	522	DXXII	523	DXXIII	524	DXXIV	525	DXXV
526	DXXVI	527	DXXVII	528	DXXVIII	529	DXXIX	530	DXXX
531	DXXXI	532	DXXXII	533	DXXXIII	534	DXXXIV	535	DXXXV
536	DXXXVI	537	DXXXVII	538	DXXXVIII	539	DXXXIX	540	DXL
541	DXLI	542	DXLII	543	DXLIII	544	DXLIV	545	DXLV
546	DXLVI	547	DXLVII	548	DXLVIII	549	DXLIX	550	DL

Roman Numerals

Arabic/Roman Numerals 551 to 600

551	DLI	552	DLII	553	DLIII	554	DLIV	555	DLV
556	DLVI	557	DLVII	558	DLVIII	559	DLIX	560	DLX
561	DLXI	562	DLXII	563	DLXIII	564	DLXIV	565	DLXV
566	DLXVI	567	DLXVII	568	DLXVIII	569	DLXIX	570	DLXX
571	DLXXI	572	DLXXII	573	DLXXIII	574	DLXXIV	575	DLXXV
576	DLXXVI	577	DLXXVII	578	DLXXVIII	579	DLXXIX	580	DLXXX
581	DLXXXI	582	DLXXXII	583	DLXXXIII	584	DLXXXIV	585	DLXXXV
586	DLXXXVI	587	DLXXXVII	588	DLXXXVIII	589	DLXXXIX	590	DXC
591	DXCI	592	DXCII	593	DXCIII	594	DXCIV	595	DXCV
596	DXCVI	597	DXCVII	598	DXCVIII	599	DXCIX	600	DC

I to MMM 1 to 3000

Arabic/Roman Numerals 601 to 650

601	DCI	602	DCII	603	DCIII	604	DCIV	605	DCV
606	DCVI	607	DCVII	608	DCVIII	609	DCIX	610	DCX
611	DCXI	612	DCXII	613	DCXIII	614	DCXIV	615	DCXV
616	DCXVI	617	DCXVII	618	DCXVIII	619	DCXIX	620	DCXX
621	DCXXI	622	DCXXII	623	DCXXIII	624	DCXXIV	625	DCXXV
626	DCXXVI	627	DCXXVII	628	DCXXVIII	629	DCXXIX	630	DCXXX
631	DCXXXI	632	DCXXXII	633	DCXXXIII	634	DCXXXIV	635	DCXXXV
636	DCXXXVI	637	DCXXXVII	638	DCXXXVIII	639	DCXXXIX	640	DCXL
641	DCXLI	642	DCXLII	643	DCXLIII	644	DCXLIV	645	DCXLV
646	DCXLVI	647	DCXLVII	648	DCXLVIII	649	DCXLIX	650	DCL

Roman Numerals

Arabic/Roman Numerals 651 to 700

651	DCLI	652	DCLII	653	DCLIII	654	DCLIV	655	DCLV
656	DCLVI	657	DCLVII	658	DCLVIII	659	DCLIX	660	DCLX
661	DCLXI	662	DCLXII	663	DCLXIII	664	DCLXIV	665	DCLXV
666	DCLXVI	667	DCLXVII	668	DCLXVIII	669	DCLXIX	670	DCLXX
671	DCLXXI	672	DCLXXII	673	DCLXXIII	674	DCLXXIV	675	DCLXXV
676	DCLXXVI	677	DCLXXVII	678	DCLXXVIII	679	DCLXXIX	680	DCLXXX
681	DCLXXXI	682	DCLXXXII	683	DCLXXXIII	684	DCLXXXIV	685	DCLXXXV
686	DCLXXXVI	687	DCLXXXVII	688	DCLXXXVIII	689	DCLXXXIX	690	DCXC
691	DCXCI	692	DCXCII	693	DCXCIII	694	DCXCIV	695	DCXCV
696	DCXCVI	697	DCXCVII	698	DCXCVIII	699	DCXCIX	700	DCC

I to MMM 1 to 3000

Arabic/Roman Numerals 701 to 750

701	DCCI	702	DCCII	703	DCCIII	704	DCCIV	705	DCCV
706	DCCVI	707	DCCVII	708	DCCVIII	709	DCCIX	710	DCCX
711	DCCXI	712	DCCXII	713	DCCXIII	714	DCCXIV	715	DCCXV
716	DCCXVI	717	DCCXVII	718	DCCXVIII	719	DCCXIX	720	DCCXX
721	DCCXXI	722	DCCXXII	723	DCCXXIII	724	DCCXXIV	725	DCCXXV
726	DCCXXVI	727	DCCXXVII	728	DCCXXVIII	729	DCCXXIX	730	DCCXX
731	DCCXXXI	732	DCCXXXII	733	DCCXXXIII	734	DCCXXXIV	735	DCCXXXV
736	DCCXXXVI	737	DCCXXXVII	738	DCCXXXVIII	739	DCCXXXIX	740	DCCXL
741	DCCXLI	742	DCCXLII	743	DCCXLIII	744	DCCXLIV	745	DCCXLV
746	DCCXLVI	747	DCCXLVII	748	DCCXLVIII	749	DCCXLIX	750	DCCL

Arabic/Roman Numerals 751 to 800

751	DCCLI	752	DCCLII	753	DCCLIII	754	DCCLIV	755	DCCLV
756	DCCLVI	757	DCCLVII	758	DCCLVIII	759	DCCLIX	760	DCCLX
761	DCCLXI	762	DCCLXII	763	DCCLXIII	764	DCCLXIV	765	DCCLXV
766	DCCLXVI	767	DCCLXVII	768	DCCLXVIII	769	DCCLXIX	770	DCCLXX
771	DCCLXXI	772	DCCLXXII	773	DCCLXXIII	774	DCCLXXIV	775	DCCLXXV
776	DCCLXXVI	777	DCCLXXVII	778	DCCLXXVIII	779	DCCLXXIX	780	DCCLXXX
781	DCCLXXXI	782	DCCLXXXII	783	DCCLXXXIII	784	DCCLXXXIV	785	DCCLXXXV
786	DCCLXXXVI	787	DCCLXXXVII	788	DCCLXXXVIII	789	DCCLXXXIX	790	DCCXC
791	DCCXCI	792	DCCXCII	793	DCCXCIII	794	DCCXCIV	795	DCCXCV
796	DCCXCVI	797	DCCXCVII	798	DCCXCVIII	799	DCCXCIX	800	DCCC

I to MMM 1 to 3000

Arabic/Roman Numerals 801 to 850

801	DCCCI	802	DCCCII	803	DCCCIII	804	DCCCIV	805	DCCCV
806	DCCCVI	807	DCCCVII	808	DCCCVIII	809	DCCCIX	810	DCCCX
811	DCCCXI	812	DCCCXII	813	DCCCXIII	814	DCCCXIV	815	DCCCXV
816	DCCCXVI	817	DCCCXVII	818	DCCCXVIII	819	DCCCXIX	820	DCCCXX
821	DCCCXXI	822	DCCCXXII	823	DCCCXXIII	824	DCCCXXIV	825	DCCCXXV
826	DCCCXXVI	827	DCCCXXVII	828	DCCCXXVIII	829	DCCCXXIX	830	DCCCXXX
831	DCCCXXXI	832	DCCCXXXII	833	DCCCXXXIII	834	DCCCXXXIV	835	DCCCXXXV
836	DCCCXXXVI	837	DCCCXXXVII	838	DCCCXXXVIII	839	DCCCXXXIX	840	DCCCL
841	DCCCLI	842	DCCCLII	843	DCCCLIII	844	DCCCLIV	845	DCCCLV
846	DCCCLVI	847	DCCCLVII	848	DCCCLVIII	849	DCCCLIX	850	DCCCL

Roman Numerals

Arabic/Roman Numerals 851 to 900

851	DCCCLI	852	DCCCLII	853	DCCCLIII	854	DCCCLIV	855	DCCCLV
856	DCCCLVI	857	DCCCLVII	858	DCCCLVIII	859	DCCCLIX	860	DCCCLX
861	DCCCLXI	862	DCCCLXII	863	DCCCLXIII	864	DCCCLXIV	865	DCCCLXV
866	DCCCLXVI	867	DCCCLXVII	868	DCCCLXVIII	869	DCCCLXIX	870	DCCCLXX
871	DCCCLXXI	872	DCCCLXXII	873	DCCCLXXIII	874	DCCCLXXIV	875	DCCCLXXV
876	DCCCLXXVI	877	DCCCLXXVII	878	DCCCLXXVIII	879	DCCCLXXIX	880	DCCCLXXX
881	DCCCLXXXI	882	DCCCLXXXII	883	DCCCLXXXIII	884	DCCCLXXXIV	885	DCCCLXXXV
886	DCCCLXXXVI	887	DCCCLXXXVII	888	DCCCLXXXVIII	889	DCCCLXXXIX	890	DCCCXC
891	DCCCXCI	892	DCCCXCII	893	DCCCXCIII	894	DCCCXCIV	895	DCCCXCV
896	DCCCXCVI	897	DCCCXCVII	898	DCCCXCVIII	899	DCCCXCIX	900	CM

I to MMM 1 to 3000

Arabic/Roman Numerals 901 to 950

901	CMI	902	CMII	903	CMIII	904	CMIV	905	CMV
906	CMVI	907	CMVII	908	CMVIII	909	CMIX	910	CMX
911	CMXI	912	CMXII	913	CMXIII	914	CMXIV	915	CMXV
916	CMXVI	917	CMXVII	918	CMXVIII	919	CMXIX	920	CMXX
921	CMXXI	922	CMXXII	923	CMXXIII	924	CMXXIV	925	CMXXV
926	CMXXVI	927	CMXXVII	928	CMXXVIII	929	CMXXIX	930	CMXXX
931	CMXXXI	932	CMXXXII	933	CMXXXIII	934	CMXXXIV	935	CMXXXV
936	CMXXXVI	937	CMXXXVII	938	CMXXXVIII	939	CMXXXIX	940	CMXL
941	CMXLI	942	CMXLII	943	CMXLIII	944	CMXLIV	945	CMXLV
946	CMXLVI	947	CMXLVII	948	CMXLVIII	949	CMXLIX	950	CML

Arabic/Roman Numerals 951 to 1000

951	CMLI	952	CMLII	953	CMLIII	954	CMLIV	955	CMLV
956	CMLVI	957	CMLVII	958	CMLVIII	959	CMLIX	960	CMLX
961	CMLXI	962	CMLXII	963	CMLXIII	964	CMLXIV	965	CMLXV
966	CMLXVI	967	CMLXVII	968	CMLXVIII	969	CMLXIX	970	CMLXX
971	CMLXXI	972	CMLXXII	973	CMLXXIII	974	CMLXXIV	975	CMLXXV
976	CMLXXVI	977	CMLXXVII	978	CMLXXVIII	979	CMLXXIX	980	CMLXXX
981	CMLXXXI	982	CMLXXXII	983	CMLXXXIII	984	CMLXXXIV	985	CMLXXXV
986	CMLXXXVI	987	CMLXXXVII	988	CMLXXXVIII	989	CMLXXXIX	990	CMXC
991	CMXCI	992	CMXCII	993	CMXCIII	994	CMXCIV	995	CMXCV
996	CMXCVI	997	CMXCVII	998	CMXCVIII	999	CMXCIX	1000	M

I to MMM 1 to 3000

Arabic/Roman Numerals 1001 to 1050

1001	MI	1002	MII	1003	MIII	1004	MIV	1005	MV
1006	MVI	1007	MVII	1008	MVIII	1009	MIX	1010	MX
1011	MXI	1012	MXII	1013	MXIII	1014	MXIV	1015	MXV
1016	MXVI	1017	MXVII	1018	MXVIII	1019	MXIX	1020	MXX
1021	MXXI	1022	MXXII	1023	MXXIII	1024	MXXIV	1025	MXXV
1026	MXXVI	1027	MXXVII	1028	MXXVIII	1029	MXXIX	1030	MXXX
1031	MXXXI	1032	MXXXII	1033	MXXXIII	1034	MXXXIV	1035	MXXXV
1036	MXXXVI	1037	MXXXVII	1038	MXXXVIII	1039	MXXXIX	1040	MXL
1041	MXLI	1042	MXLII	1043	MXLIII	1044	MXLIV	1045	MXLV
1046	MXLVI	1047	MXLVII	1048	MXLVIII	1049	MXLIX	1050	ML

Arabic/Roman Numerals 1051 to 1100

1051	MLI	1052	MLII	1053	MLIII	1054	MLIV	1055	MLV
1056	MLVI	1057	MLVII	1058	MLVIII	1059	MLIX	1060	MLX
1061	MLXI	1062	MLXII	1063	MLXIII	1064	MLXIV	1065	MLXV
1066	MLXVI	1067	MLXVII	1068	MLXVIII	1069	MLXIX	1070	MLXX
1071	MLXXI	1072	MLXXII	1073	MLXXIII	1074	MLXXIV	1075	MLXXV
1076	MLXXVI	1077	MLXXVII	1078	MLXXVIII	1079	MLXXIX	1080	MLXXX
1081	MLXXXI	1082	MLXXXII	1083	MLXXXIII	1084	MLXXXIV	1085	MLXXXV
1086	MLXXXVI	1087	MLXXXVII	1088	MLXXXVIII	1089	MLXXXIX	1090	MXC
1091	MXCI	1092	MXCII	1093	MXCIII	1094	MXCIV	1095	MXCV
1096	MXCVI	1097	MXCVII	1098	MXCVIII	1099	MXCIX	1100	MC

I to MMM 1 to 3000

Arabic/Roman Numerals 1101 to 1150

1101	MCI	1102	MCII	1103	MCIII	1104	MCIV	1105	MCV
1106	MCVI	1107	MCVII	1108	MCVIII	1109	MCIX	1110	MCX
1111	MCXI	1112	MCXII	1113	MCXIII	1114	MCXIV	1115	MCXV
1116	MCXVI	1117	MCXVII	1118	MCXVIII	1119	MCXIX	1120	MCXX
1121	MCXXI	1122	MCXXII	1123	MCXXIII	1124	MCXXIV	1125	MCXXV
1126	MCXXVI	1127	MCXXVII	1128	MCXXVIII	1129	MCXXIX	1130	MCXXX
1131	MCXXXI	1132	MCXXXII	1133	MCXXXIII	1134	MCXXXIV	1135	MCXXXV
1136	MCXXXVI	1137	MCXXXVII	1138	MCXXXVIII	1139	MCXXXIX	1140	MCXL
1141	MCXLI	1142	MCXLII	1143	MCXLIII	1144	MCXLIV	1145	MCXLV
1146	MCXLVI	1147	MCXLVII	1148	MCXLVIII	1149	MCXLIX	1150	MCL

Roman Numerals

Arabic/Roman Numerals 1151 to 1200

1151	MCLI	1152	MCLII	1153	MCLIII	1154	MCLIV	1155	MCLV
1156	MCLVI	1157	MCLVII	1158	MCLVIII	1159	MCLIX	1160	MCLX
1161	MCLXI	1162	MCLXII	1163	MCLXIII	1164	MCLXIV	1165	MCLXV
1166	MCLXVI	1167	MCLXVII	1168	MCLXVIII	1169	MCLXIX	1170	MCLXX
1171	MCLXXI	1172	MCLXXII	1173	MCLXXIII	1174	MCLXXIV	1175	MCLXXV
1176	MCLXXVI	1177	MCLXXVII	1178	MCLXXVIII	1179	MCLXXIX	1180	MCLXXX
1181	MCLXXXI	1182	MCLXXXII	1183	MCLXXXIII	1184	MCLXXXIV	1185	MCLXXXV
1186	MCLXXXVI	1187	MCLXXXVII	1188	MCLXXXVIII	1189	MCLXXXIX	1190	MCXC
1191	MCXCI	1192	MCXCII	1193	MCXCIII	1194	MCXCIV	1195	MCXCV
1196	MCXCVI	1197	MCXCVII	1198	MCXCVIII	1199	MCXCIX	1200	MCC

I to MMM 1 to 3000

Arabic/Roman Numerals 1201 to 1250

1201	MCCI	1202	MCCII	1203	MCCIII	1204	MCCIV	1205	MCCV
1206	MCCVI	1207	MCCVII	1208	MCCVIII	1209	MCCIX	1210	MCCX
1211	MCCXI	1212	MCCXII	1213	MCCXIII	1214	MCCXIV	1215	MCCXV
1216	MCCXVI	1217	MCCXVII	1218	MCCXVIII	1219	MCCXIX	1220	MCCXX
1221	MCCXXI	1222	MCCXXII	1223	MCCXXIII	1224	MCCXXIV	1225	MCCXXV
1226	MCCXXVI	1227	MCCXXVII	1228	MCCXXVIII	1229	MCCXXIX	1230	MCCXXX
1231	MCCXXXI	1232	MCCXXXII	1233	MCCXXXIII	1234	MCCXXXIV	1235	MCCXXXV
1236	MCCXXXVI	1237	MCCXXXVII	1238	MCCXXXVIII	1239	MCCXXXIX	1240	MCCL
1241	MCCXLI	1242	MCCXLII	1243	MCCXLIII	1244	MCCXLIV	1245	MCCXLV
1246	MCCXLVI	1247	MCCXLVII	1248	MCCXLVIII	1249	MCCXLIX	1250	MCCL

Arabic/Roman Numerals 1251 to 1300

1251	MCCLI	1252	MCCLII	1253	MCCLIII	1254	MCCLIV	1255	MCCLV
1256	MCCLVI	1257	MCCLVII	1258	MCCLVIII	1259	MCCLIX	1260	MCCLX
1261	MCCLXI	1262	MCCLXII	1263	MCCLXIII	1264	MCCLXIV	1265	MCCLXV
1266	MCCLXVI	1267	MCCLXVII	1268	MCCLXVIII	1269	MCCLXIX	1270	MCCLXX
1271	MCCLXXI	1272	MCCLXXII	1273	MCCLXXIII	1274	MCCLXXIV	1275	MCCLXXV
1276	MCCLXXVI	1277	MCCLXXVII	1278	MCCLXXVIII	1279	MCCLXXIX	1280	MCCLXXX
1281	MCCLXXXI	1282	MCCLXXXII	1283	MCCLXXXIII	1284	MCCLXXXIV	1285	MCCLXXXV
1286	MCCLXXXVI	1287	MCCLXXXVII	1288	MCCLXXXVIII	1289	MCCLXXXIX	1290	MCCXC
1291	MCCXCI	1292	MCCXCII	1293	MCCXCIII	1294	MCCXCIV	1295	MCCXCV
1296	MCCXCVI	1297	MCCXCVII	1298	MCCXCVIII	1299	MCCXCIX	1300	MCCC

I to MMM 1 to 3000

Arabic/Roman Numerals 1301 to 1350

1301	MCCCI	1302	MCCCII	1303	MCCCIII	1304	MCCCIV	1305	MCCCV
1306	MCCCVI	1307	MCCCVII	1308	MCCCVIII	1309	MCCCIX	1310	MCCCX
1311	MCCCXI	1312	MCCCXII	1313	MCCCXIII	1314	MCCCXIV	1315	MCCCXV
1316	MCCCXVI	1317	MCCCXVII	1318	MCCCXVIII	1319	MCCCXIX	1320	MCCCXX
1321	MCCCXXI	1322	MCCCXXII	1323	MCCCXXIII	1324	MCCCXXIV	1325	MCCCXXV
1326	MCCCXXVI	1327	MCCCXXVII	1328	MCCCXXVIII	1329	MCCCXXIX	1330	MCCCXXX
1331	MCCCXXXI	1332	MCCCXXXII	1333	MCCCXXXIII	1334	MCCCXXXIV	1335	MCCCXXXV
1336	MCCCXXXVI	1337	MCCCXXXVII	1338	MCCCXXXVIII	1339	MCCCXXXIX	1340	MCCCXL
1341	MCCCXLI	1342	MCCCXLII	1343	MCCCXLIII	1344	MCCCXLIV	1345	MCCCXLV
1346	MCCCXLVI	1347	MCCCXLVII	1348	MCCCXLVIII	1349	MCCCXLIX	1350	MCCCL

Arabic/Roman Numerals 1351 to 1400

1351	MCCCLI	1352	MCCCLI	1353	MCCCLII	1354	MCCCLIV	1355	MCCCLV
1356	MCCCLVI	1357	MCCCLVII	1358	MCCCLVIII	1359	MCCCLIX	1360	MCCCLX
1361	MCCCLXI	1362	MCCCLXII	1363	MCCCLXIII	1364	MCCCLXIV	1365	MCCCLXV
1366	MCCCLXVI	1367	MCCCLXVII	1368	MCCCLXVIII	1369	MCCCLXIX	1370	MCCCLXX
1371	MCCCLXXI	1372	MCCCLXXII	1373	MCCCLXXIII	1374	MCCCLXXIV	1375	MCCCLXXV
1376	MCCCLXXVI	1377	MCCCLXXVII	1378	MCCCLXXVIII	1379	MCCCLXXIX	1380	MCCCLXXX
1381	MCCCLXXXI	1382	MCCCLXXXII	1383	MCCCLXXIII	1384	MCCCLXXXIV	1385	MCCCLXXXV
1386	MCCCLXXXVI	1387	MCCCLXXXVII	1388	MCCCLXXVIII	1389	MCCCLXXXIX	1390	MCCCXC
1391	MCCCXCI	1392	MCCCXCII	1393	MCCCXCIII	1394	MCCCXCIV	1395	MCCCXCV
1396	MCCCXCVI	1397	MCCCXCVII	1398	MCCCXCVIII	1399	MCCCXCIX	1400	MCD

I to MMM 1 to 3000

Arabic/Roman Numerals 1401 to 1450

1401	MCDI	1402	MCDII	1403	MCDIII	1404	MCDIV	1405	MCDV
1406	MCDVI	1407	MCDVII	1408	MCDVIII	1409	MCDIX	1410	MCDX
1411	MCDXI	1412	MCDXII	1413	MCDXIII	1414	MCDXIV	1415	MCDXV
1416	MCDXVI	1417	MCDXVII	1418	MCDXVIII	1419	MCDXIX	1420	MCDXX
1421	MCDXXI	1422	MCDXXII	1423	MCDXXIII	1424	MCDXXIV	1425	MCDXXV
1426	MCDXXVI	1427	MCDXXVII	1428	MCDXXVIII	1429	MCDXXIX	1430	MCDXXX
1431	MCDXXXI	1432	MCDXXXII	1433	MCDXXXIII	1434	MCDXXXIV	1435	MCDXXXV
1436	MCDXXXVI	1437	MCDXXXVII	1438	MCDXXXVIII	1439	MCDXXXIX	1440	MCDXL
1441	MCDXLI	1442	MCDXLII	1443	MCDXLIII	1444	MCDXLIV	1445	MCDXLV
1446	MCDXLVI	1447	MCDXLVII	1448	MCDXLVIII	1449	MCDXLIX	1450	MCDL

Arabic/Roman Numerals 1451 to 1500

1451	MCDLI	1452	MCDLII	1453	MCDLIII	1454	MCDLIV	1455	MCDLV
1456	MCDLVI	1457	MCDLVII	1458	MCDLVIII	1459	MCDLIX	1460	MCDLX
1461	MCDLXI	1462	MCDLXII	1463	MCDLXIII	1464	MCDLXIV	1465	MCDLXV
1466	MCDLXVI	1467	MCDLXVII	1468	MCDLXVIII	1469	MCDLXIX	1470	MCDLXX
1471	MCDLXXI	1472	MCDLXXII	1473	MCDLXXIII	1474	MCDLXXIV	1475	MCDLXXV
1476	MCDLXXVI	1477	MCDLXXVII	1478	MCDLXXVIII	1479	MCDLXXIX	1480	MCDLXXX
1481	MCDLXXXI	1482	MCDLXXXII	1483	MCDLXXXIII	1484	MCDLXXXIV	1485	MCDLXXXV
1486	MCDLXXXVI	1487	MCDLXXXVII	1488	MCDLXXXVIII	1489	MCDLXXXIX	1490	MCDXC
1491	MCDXCI	1492	MCDXCII	1493	MCDXCIII	1494	MCDXCIV	1495	MCDXCV
1496	MCDXCVI	1497	MCDXCVII	1498	MCDXCVIII	1499	MCDXCIX	1500	MD

I to MMM 1 to 3000

Arabic/Roman Numerals 1501 to 1550

1501	MDI	1502	MDII	1503	MDIII	1504	MDIV	1505	MDV
1506	MDVI	1507	MDVII	1508	MDVIII	1509	MDIX	1510	MDX
1511	MDXI	1512	MDXII	1513	MDXIII	1514	MDXIV	1515	MDXV
1516	MDXVI	1517	MDXVII	1518	MDXVIII	1519	MDXIX	1520	MDXX
1521	MDXXI	1522	MDXXII	1523	MDXXIII	1524	MDXXIV	1525	MDXXV
1526	MDXXVI	1527	MDXXVII	1528	MDXXVIII	1529	MDXXIX	1530	MDXXX
1531	MDXXXI	1532	MDXXXII	1533	MDXXXIII	1534	MDXXXIV	1535	MDXXXV
1536	MDXXXVI	1537	MDXXXVII	1538	MDXXXVIII	1539	MDXXXIX	1540	MDXL
1541	MDXLI	1542	MDXLII	1543	MDXLIII	1544	MDXLIV	1545	MDXLV
1546	MDXLVI	1547	MDXLVII	1548	MDXLVIII	1549	MDXLIX	1550	MDL

Arabic/Roman Numerals 1551 to 1600

1551	MDLI	1552	MDLII	1553	MDLIII	1554	MDLIV	1555	MDLV
1556	MDLVI	1557	MDLVII	1558	MDLVIII	1559	MDLIX	1560	MDLX
1561	MDLXI	1562	MDLXII	1563	MDLXIII	1564	MDLXIV	1565	MDLXV
1566	MDLXVI	1567	MDLXVII	1568	MDLXVIII	1569	MDLXIX	1570	MDLXX
1571	MDLXXI	1572	MDLXXII	1573	MDLXXIII	1574	MDLXXIV	1575	MDLXXV
1576	MDLXXVI	1577	MDLXXVII	1578	MDLXXVIII	1579	MDLXXIX	1580	MDLXXX
1581	MDLXXXI	1582	MDLXXXII	1583	MDLXXXIII	1584	MDLXXXIV	1585	MDLXXXV
1586	MDLXXXVI	1587	MDLXXXVII	1588	MDLXXXVIII	1589	MDLXXXIX	1590	MDXC
1591	MDXCI	1592	MDXCII	1593	MDXCIII	1594	MDXCIV	1595	MDXCV
1596	MDXCVI	1597	MDXCVII	1598	MDXCVIII	1599	MDXCIX	1600	MDC

I to MMM 1 to 3000

Arabic/Roman Numerals 1601 to 1650

1601	MDCI	1602	MDCII	1603	MDCIII	1604	MDCIV	1605	MDCV
1606	MDCVI	1607	MDCVII	1608	MDCVIII	1609	MDCIX	1610	MDCX
1611	MDCXI	1612	MDCXII	1613	MDCXIII	1614	MDCXIV	1615	MDCXV
1616	MDCXVI	1617	MDCXVII	1618	MDCXVIII	1619	MDCXIX	1620	MDCXX
1621	MDCXXI	1622	MDCXXII	1623	MDCXXIII	1624	MDCXXIV	1625	MDCXXV
1626	MDCXXVI	1627	MDCXXVII	1628	MDCXXVIII	1629	MDCXXIX	1630	MDCXXX
1631	MDCXXXI	1632	MDCXXXII	1633	MDCXXXIII	1634	MDCXXXIV	1635	MDCXXXV
1636	MDCXXXVI	1637	MDCXXXVII	1638	MDCXXXVIII	1639	MDCXXXIX	1640	MDCXL
1641	MDCXLI	1642	MDCXLII	1643	MDCXLIII	1644	MDCXLIV	1645	MDCXLV
1646	MDCXLVI	1647	MDCXLVII	1648	MDCXLVIII	1649	MDCXLIX	1650	MDCL

Arabic/Roman Numerals 1651 to 1700

1651	MDCLI	1652	MDCLII	1653	MDCLIII	1654	MDCLIV	1655	MDCLV
1656	MDCLVI	1657	MDCLVII	1658	MDCLVIII	1659	MDCLIX	1660	MDCLX
1661	MDCLXI	1662	MDCLXII	1663	MDCLXIII	1664	MDCLXIV	1665	MDCLXV
1666	MDCLXVI	1667	MDCLXVII	1668	MDCLXVIII	1669	MDCLXIX	1670	MDCLXX
1671	MDCLXXI	1672	MDCLXXII	1673	MDCLXXIII	1674	MDCLXXIV	1675	MDCLXXV
1676	MDCLXXVI	1677	MDCLXXVII	1678	MDCLXXVIII	1679	MDCLXXIX	1680	MDCLXXX
1681	MDCLXXXI	1682	MDCLXXXII	1683	MDCLXXXIII	1684	MDCLXXXIV	1685	MDCLXXXV
1686	MDCLXXXVI	1687	MDCLXXXVII	1688	MDCLXXXVIII	1689	MDCLXXXIX	1690	MDCXC
1691	MDCXCI	1692	MDCXCII	1693	MDCXCII	1694	MDCXCIV	1695	MDCXCV
1696	MDCXCVI	1697	MDCXCVII	1698	MDCXCVIII	1699	MDCXCIX	1700	MDCC

I to MMM 1 to 3000

Arabic/Roman Numerals 1701 to 1750

1701	MDCCI	1702	MDCCII	1703	MDCCIII	1704	MDCCIV	1705	MDCCV
1706	MDCCVI	1707	MDCCVII	1708	MDCCVIII	1709	MDCCIX	1710	MDCCX
1711	MDCCXI	1712	MDCCXII	1713	MDCCXIII	1714	MDCCXIV	1715	MDCCXV
1716	MDCCXVI	1717	MDCCXVII	1718	MDCCXVIII	1719	MDCCXIX	1720	MDCCXX
1721	MDCCXXI	1722	MDCCXXII	1723	MDCCXXIII	1724	MDCCXXIV	1725	MDCCXXV
1726	MDCCXXVI	1727	MDCCXXVII	1728	MDCCXXVIII	1729	MDCCXXIX	1730	MDCCXXX
1731	MDCCXXXI	1732	MDCCXXXII	1733	MDCCXXXIII	1734	MDCCXXXIV	1735	MDCCXXXV
1736	MDCCXXXVI	1737	MDCCXXXVII	1738	MDCCXXXVIII	1739	MDCCXXXIX	1740	MDCCXL
1741	MDCCXLI	1742	MDCCXLII	1743	MDCCXLIII	1744	MDCCXLIV	1745	MDCCXLV
1746	MDCCXLVI	1747	MDCCXLVII	1748	MDCCXLVIII	1749	MDCCXLIX	1750	MDCCL

Roman Numerals

Arabic/Roman Numerals 1751 to 1800

1751	MDCCLI	1752	MDCCLII	1753	MDCCLIII	1754	MDCCLIV	1755	MDCCLV
1756	MDCCLVI	1757	MDCCLVII	1758	MDCCLVIII	1759	MDCCLIX	1760	MDCCLX
1761	MDCCLXI	1762	MDCCLXII	1763	MDCCLXIII	1764	MDCCLXIV	1765	MDCCLXV
1766	MDCCLXVI	1767	MDCCLXVII	1768	MDCCLXVIII	1769	MDCCLXIX	1770	MDCCLXX
1771	MDCCLXXI	1772	MDCCLXXII	1773	MDCCLXXIII	1774	MDCCLXXIV	1775	MDCCLXXV
1776	MDCCLXXVI	1777	MDCCLXXVII	1778	MDCCLXXVIII	1779	MDCCLXXIX	1780	MDCCLXXX
1781	MDCCLXXXI	1782	MDCCLXXXII	1783	MDCCLXXXIII	1784	MDCCLXXXIV	1785	MDCCLXXXV
1786	MDCCLXXXVI	1787	MDCCLXXXVII	1788	MDCCLXXXVIII	1789	MDCCLXXXIX	1790	MDCCXC
1791	MDCCXCI	1792	MDCCXCII	1793	MDCCXCIII	1794	MDCCXCIV	1795	MDCCXCV
1796	MDCCXCVI	1797	MDCCXCVII	1798	MDCCXCVIII	1799	MDCCXCIX	1800	MDCCC

I to MMM 1 to 3000

Arabic/Roman Numerals 1801 to 1850

1801	MDCCCI	1802	MDCCCII	1803	MDCCCIII	1804	MDCCCIV	1805	MDCCCV
1806	MDCCCVI	1807	MDCCCVII	1808	MDCCCVIII	1809	MDCCCIX	1810	MDCCCX
1811	MDCCCXI	1812	MDCCCXII	1813	MDCCCXIII	1814	MDCCCXIV	1815	MDCCCXV
1816	MDCCCXVI	1817	MDCCCXVII	1818	MDCCCXVIII	1819	MDCCCXIX	1820	MDCCCXX
1821	MDCCCXXI	1822	MDCCCXXII	1823	MDCCCXXIII	1824	MDCCCXXIV	1825	MDCCCXXV
1826	MDCCCXXVI	1827	MDCCCXXVII	1828	MDCCCXXVIII	1829	MDCCCXXIX	1830	MDCCCXXX
1831	MDCCCXXXI	1832	MDCCCXXXII	1833	MDCCCXXXIII	1834	MDCCCXXXIV	1835	MDCCCXXXV
1836	MDCCCXXXVI	1837	MDCCCXXXVII	1838	MDCCCXXXVIII	1839	MDCCCXXXIX	1840	MDCCCXL
1841	MDCCCXLI	1842	MDCCCXLII	1843	MDCCCXLIII	1844	MDCCCXLIV	1845	MDCCCXLV
1846	MDCCCXLVI	1847	MDCCCXLVII	1848	MDCCCXLVIII	1849	MDCCCXLIX	1850	MDCCCL

Arabic/Roman Numerals 1851 to 1900

1851	MDCCCLI	1852	MDCCCLII	1853	MDCCCLIII	1854	MDCCCLIV	1855	MDCCCLV
1856	MDCCCLVI	1857	MDCCCLVII	1858	MDCCCLVIII	1859	MDCCCLIX	1860	MDCCCLX
1861	MDCCCLXI	1862	MDCCCLXII	1863	MDCCCLXIII	1864	MDCCCLXIV	1865	MDCCCLXV
1866	MDCCCLXVI	1867	MDCCCLXVII	1868	MDCCCLXVIII	1869	MDCCCLXIX	1870	MDCCCLXX
1871	MDCCCLXXI	1872	MDCCCLXXII	1873	MDCCCLXXIII	1874	MDCCCLXXIV	1875	MDCCCLXXV
1876	MDCCCLXXVI	1877	MDCCCLXXVII	1878	MDCCCLXXVIII	1879	MDCCCLXXIX	1880	MDCCCLXXX
1881	MDCCCLXXXI	1882	MDCCCLXXXII	1883	MDCCCLXXXIII	1884	MDCCCLXXXIV	1885	MDCCCLXXXV
1886	MDCCCLXXXVI	1887	MDCCCLXXXVII	1888	MDCCCLXXXVIII	1889	MDCCCLXXXIX	1890	MDCCCXC
1891	MDCCCXCI	1892	MDCCCXCII	1893	MDCCCXCIII	1894	MDCCCXCIV	1895	MDCCCXCV
1896	MDCCCXCVI	1897	MDCCCXCVII	1898	MDCCCXCVIII	1899	MDCCCXCIX	1900	MCM

I to MMM 1 to 3000

Arabic/Roman Numerals 1901 to 1950

1901	MCMI	1902	MCMII	1903	MCMIII	1904	MCMIV	1905	MCMV
1906	MCMVI	1907	MCMVII	1908	MCMVIII	1909	MCMIX	1910	MCMX
1911	MCMXI	1912	MCMXII	1913	MCMXIII	1914	MCMXIV	1915	MCMXV
1916	MCMXVI	1917	MCMXVII	1918	MCMXVIII	1919	MCMXIX	1920	MCMXX
1921	MCMXXI	1922	MCMXXII	1923	MCMXXIII	1924	MCMXXIV	1925	MCMXXV
1926	MCMXXVI	1927	MCMXXVII	1928	MCMXXVIII	1929	MCMXXIX	1930	MCMXXX
1931	MCMXXXI	1932	MCMXXXII	1933	MCMXXXIII	1934	MCMXXXIV	1935	MCMXXXV
1936	MCMXXXVI	1937	MCMXXXVII	1938	MCMXXXVIII	1939	MCMXXXIX	1940	MCMXL
1941	MCMXLI	1942	MCMXLII	1943	MCMXLIII	1944	MCMXLIV	1945	MCMXLV
1946	MCMXLVI	1947	MCMXLVII	1948	MCMXLVIII	1949	MCMXLIX	1950	MCML

Arabic/Roman Numerals 1951 to 2000

1951	MCMLI	1952	MCMLII	1953	MCMLIII	1954	MCMLIV	1955	MCMLV
1956	MCMLVI	1957	MCMLVII	1958	MCMLVIII	1959	MCMLIX	1960	MCMLX
1961	MCMLXI	1962	MCMLXII	1963	MCMLXIII	1964	MCMLXIV	1965	MCMLXV
1966	MCMLXVI	1967	MCMLXVII	1968	MCMLXVIII	1969	MCMLXIX	1970	MCMLXX
1971	MCMLXXI	1972	MCMLXXII	1973	MCMLXXIII	1974	MCMLXXIV	1975	MCMLXXV
1976	MCMLXXVI	1977	MCMLXXVII	1978	MCMLXXVIII	1979	MCMLXXIX	1980	MCMLXXX
1981	MCMLXXXI	1982	MCMLXXXII	1983	MCMLXXXIII	1984	MCMLXXXIV	1985	MCMLXXXV
1986	MCMLXXXVI	1987	MCMLXXXVII	1988	MCMLXXXVIII	1989	MCMLXXXIX	1990	MCMXC
1991	MCMXCI	1992	MCMXCII	1993	MCMXCIII	1994	MCMXCIV	1995	MCMXCV
1996	MCMXCVI	1997	MCMXCVII	1998	MCMXCVIII	1999	MCMXCIX	2000	MM

I to MMM 1 to 3000

Arabic/Roman Numerals 2001 to 2050

2001	MMI	2002	MMII	2003	MMIII	2004	MMIV	2005	MMV
2006	MMVI	2007	MMVII	2008	MMVIII	2009	MMIX	2010	MMX
2011	MMXI	2012	MMXII	2013	MMXIII	2014	MMXIV	2015	MMXV
2016	MMXVI	2017	MMXVII	2018	MMXVIII	2019	MMXIX	2020	MMXX
2021	MMXXI	2022	MMXXII	2023	MMXXIII	2024	MMXXIV	2025	MMXXV
2026	MMXXVI	2027	MMXXVII	2028	MMXXVIII	2029	MMXXIX	2030	MMXXX
2031	MMXXXI	2032	MMXXXII	2033	MMXXXIII	2034	MMXXXIV	2035	MMXXXV
2036	MMXXXVI	2037	MMXXXVII	2038	MMXXXVIII	2039	MMXXXIX	2040	MMXL
2041	MMXLI	2042	MMXLII	2043	MMXLIII	2044	MMXLIV	2045	MMXLV
2046	MMXLVI	2047	MMXLVII	2048	MMXLVIII	2049	MMXLIX	2050	MML

Arabic/Roman Numerals 2051 to 2100

2051	MMLI	2052	MMLII	2053	MMLIII	2054	MMLIV	2055	MMLV
2056	MMLVI	2057	MMLVII	2058	MMLVIII	2059	MMLIX	2060	MMLX
2061	MMLXI	2062	MMLXII	2063	MMLXIII	2064	MMLXIV	2065	MMLXV
2066	MMLXVI	2067	MMLXVII	2068	MMLXVIII	2069	MMLXIX	2070	MMLXX
2071	MMLXXI	2072	MMLXXII	2073	MMLXXIII	2074	MMLXXIV	2075	MMLXXV
2076	MMLXXVI	2077	MMLXXVII	2078	MMLXXVIII	2079	MMLXXIX	2080	MMLXXX
2081	MMLXXXI	2082	MMLXXXII	2083	MMLXXXIII	2084	MMLXXXIV	2085	MMLXXXV
2086	MMLXXXVI	2087	MMLXXXVII	2088	MMLXXXVIII	2089	MMLXXXIX	2090	MMXC
2091	MMXCI	2092	MMXCII	2093	MMXCIII	2094	MMXCIV	2095	MMXCV
2096	MMXCVI	2097	MMXCVII	2098	MMXCVIII	2099	MMXCIX	2100	MMC

I to MMM 1 to 3000

Arabic/Roman Numerals 2101 to 2150

2101	MMCI	2102	MMCII	2103	MMCIII	2104	MMCIV	2105	MMCV
2106	MMCVI	2107	MMCVII	2108	MMCVIII	2109	MMCIX	2110	MMCX
2111	MMCXI	2112	MMCXII	2113	MMCXIII	2114	MMCXIV	2115	MMCXV
2116	MMCXVI	2117	MMCXVII	2118	MMCXVIII	2119	MMCXIX	2120	MMCXX
2121	MMCXXI	2122	MMCXXII	2123	MMCXXIII	2124	MMCXXIV	2125	MMCXXV
2126	MMCXXVI	2127	MMCXXVII	2128	MMCXXVIII	2129	MMCXXIX	2130	MMCXXX
2131	MMCXXXI	2132	MMCXXXII	2133	MMCXXXIII	2134	MMCXXXIV	2135	MMCXXXV
2136	MMCXXXVI	2137	MMCXXXVII	2138	MMCXXXVIII	2139	MMCXXXIX	2140	MMCXL
2141	MMCXLI	2142	MMCXLII	2143	MMCXLIII	2144	MMCXLIV	2145	MMCXLV
2146	MMCXLVI	2147	MMCXLVII	2148	MMCXLVIII	2149	MMCXLIX	2150	MMCL

Roman Numerals

Arabic/Roman Numerals 2151 to 2200

2151	MMCLI	2152	MMCLII	2153	MMCLIII	2154	MMCLIV	2155	MMCLV
2156	MMCLVI	2157	MMCLVII	2158	MMCLVIII	2159	MMCLIX	2160	MMCLX
2161	MMCLXI	2162	MMCLXII	2163	MMCLXIII	2164	MMCLXIV	2165	MMCLXV
2166	MMCLXVI	2167	MMCLXVII	2168	MMCLXVIII	2169	MMCLXIX	2170	MMCLXX
2171	MMCLXXI	2172	MMCLXXII	2173	MMCLXXIII	2174	MMCLXXIV	2175	MMCLXXV
2176	MMCLXXVI	2177	MMCLXXVII	2178	MMCLXXVIII	2179	MMCLXXIX	2180	MMCLXXX
2181	MMCLXXXI	2182	MMCLXXXII	2183	MMCLXXXIII	2184	MMCLXXXIV	2185	MMCLXXXV
2186	MMCLXXXVI	2187	MMCLXXXVII	2188	MMCLXXXVIII	2189	MMCLXXXIX	2190	MMCXC
2191	MMCXCI	2192	MMCXCII	2193	MMCXCIII	2194	MMCXCIV	2195	MMCXCV
2196	MMCXCVI	2197	MMCXCVII	2198	MMCXCVIII	2199	MMCXCIX	2200	MMCC

I to MMM 1 to 3000

Arabic/Roman Numerals 2201 to 2250

2201	MMCCI	2202	MMCCII	2203	MMCCIII	2204	MMCCIV	2205	MMCCV
2206	MMCCVI	2207	MMCCVII	2208	MMCCVIII	2209	MMCCIX	2210	MMCCX
2211	MMCCXI	2212	MMCCXII	2213	MMCCXIII	2214	MMCCXIV	2215	MMCCXV
2216	MMCCXVI	2217	MMCCXVII	2218	MMCCXVIII	2219	MMCCXIX	2220	MMCCXX
2221	MMCCXXI	2222	MMCCXXII	2223	MMCCXXIII	2224	MMCCXXIV	2225	MMCCXXV
2226	MMCCXXVI	2227	MMCCXXVII	2228	MMCCXXVIII	2229	MMCCXXIX	2230	MMCCXXX
2231	MMCCXXXI	2232	MMCCXXXII	2233	MMCCXXXIII	2234	MMCCXXXIV	2235	MMCCXXXV
2236	MMCCXXXVI	2237	MMCCXXXVII	2238	MMCCXXXVIII	2239	MMCCXXXIX	2240	MMCCXL
2241	MMCCXLI	2242	MMCCLII	2243	MMCCLIII	2244	MMCCXLIV	2245	MMCCXLV
2246	MMCCXLVI	2247	MMCCLVII	2248	MMCCLVIII	2249	MMCCXLIX	2250	MMCCL

Arabic/Roman Numerals 2251 to 2300

2251	MMCCLI	2252	MMCCLII	2253	MMCCLIII	2254	MMCCLIV	2255	MMCCLV
2256	MMCCLVI	2257	MMCCLVII	2258	MMCCLVIII	2259	MMCCLIX	2260	MMCCLX
2261	MMCCLXI	2262	MMCCLXII	2263	MMCCLXIII	2264	MMCCLXIV	2265	MMCCLXV
2266	MMCCLXVI	2267	MMCCLXVII	2268	MMCCLXVIII	2269	MMCCLXIX	2270	MMCCLXX
2271	MMCCLXXI	2272	MMCCLXXII	2273	MMCCLXXIII	2274	MMCCLXXIV	2275	MMCCLXXV
2276	MMCCLXXVI	2277	MMCCLXXVII	2278	MMCCLXXVIII	2279	MMCCLXXIX	2280	MMCCLXXX
2281	MMCCLXXXI	2282	MMCCLXXXII	2283	MMCCLXXXIII	2284	MMCCLXXXIV	2285	MMCCLXXXV
2286	MMCCLXXXVI	2287	MMCCLXXXVII	2288	MMCCLXXXVIII	2289	MMCCLXXXIX	2290	MMCCXC
2291	MMCCXCI	2292	MMCCXCII	2293	MMCCXCIII	2294	MMCCXCIV	2295	MMCCXCV
2296	MMCCXCVI	2297	MMCCXCVII	2298	MMCCXCVIII	2299	MMCCXCIX	2300	MMCCC

I to MMM 1 to 3000

Arabic/Roman Numerals 2301 to 2350

2301	MMCCCI	2302	MMCCCII	2303	MMCCCIII	2304	MMCCCIV	2305	MMCCCV
2306	MMCCCVI	2307	MMCCCVII	2308	MMCCCVIII	2309	MMCCCIX	2310	MMCCCX
2311	MMCCCXI	2312	MMCCCXII	2313	MMCCCXIII	2314	MMCCCXIV	2315	MMCCCXV
2316	MMCCCXVI	2317	MMCCCXVII	2318	MMCCCXVIII	2319	MMCCCXIX	2320	MMCCCXX
2321	MMCCCXXI	2322	MMCCCXXII	2323	MMCCCXXIII	2324	MMCCCXXIV	2325	MMCCCXXV
2326	MMCCCXXVI	2327	MMCCCXXVII	2328	MMCCCXXVIII	2329	MMCCCXXIX	2330	MMCCCXXX
2331	MMCCCXXXI	2332	MMCCCXXXII	2333	MMCCCXXXIII	2334	MMCCCXXXIV	2335	MMCCCXXXV
2336	MMCCCXXXVI	2337	MMCCCXXXVII	2338	MMCCCXXXVIII	2339	MMCCCXXXIX	2340	MMCCCXL
2341	MMCCCXLI	2342	MMCCCXLII	2343	MMCCCXLIII	2344	MMCCCXLIV	2345	MMCCCXLV
2346	MMCCCXLVI	2347	MMCCCXLVII	2348	MMCCCXLVIII	2349	MMCCCXLIX	2350	MMCCCL

Roman Numerals

Arabic/Roman Numerals 2351 to 2400

2351	MMCCCLI	2352	MMCCCLII	2353	MMCCCLIII	2354	MMCCCLIV	2355	MMCCCLV
2356	MMCCCLVI	2357	MMCCCLVII	2358	MMCCCLVIII	2359	MMCCCLIX	2360	MMCCCLX
2361	MMCCCLXI	2362	MMCCCLXII	2363	MMCCCLXIII	2364	MMCCCLXIV	2365	MMCCCLXV
2366	MMCCCLXVI	2367	MMCCCLXVII	2368	MMCCCLXVIII	2369	MMCCCLXIX	2370	MMCCCLXX
2371	MMCCCLXXI	2372	MMCCCLXXII	2373	MMCCCLXXIII	2374	MMCCCLXXIV	2375	MMCCCLXXV
2376	MMCCCLXXVI	2377	MMCCCLXXVII	2378	MMCCCLXXVIII	2379	MMCCCLXXIX	2380	MMCCCLXXX
2381	MMCCCLXXXI	2382	MMCCCLXXXII	2383	MMCCCLXXXIII	2384	MMCCCLXXXIV	2385	MMCCCLXXXV
2386	MMCCCLXXXVI	2387	MMCCCLXXXVII	2388	MMCCCLXXXVIII	2389	MMCCCLXXXIX	2390	MMCCCXC
2391	MMCCCXCI	2392	MMCCCXCII	2393	MMCCCXCIII	2394	MMCCCXCIV	2395	MMCCCXCV
2396	MMCCCXCVI	2397	MMCCCXCVII	2398	MMCCCXCVIII	2399	MMCCCXCIX	2400	MMCD

I to MMM 1 to 3000

Arabic/Roman Numerals 2401 to 2450

2401	MMCDI	2402	MMCDII	2403	MMCDIII	2404	MMCDIV	2405	MMCDV
2406	MMCDVI	2407	MMCDVII	2408	MMCDVIII	2409	MMCDIX	2410	MMCDX
2411	MMCDXI	2412	MMCDXII	2413	MMCDXIII	2414	MMCDXIV	2415	MMCDXV
2416	MMCDXVI	2417	MMCDXVII	2418	MMCDXVIII	2419	MMCDXIX	2420	MMCDXX
2421	MMCDXXI	2422	MMCDXXII	2423	MMCDXXIII	2424	MMCDXXIV	2425	MMCDXXV
2426	MMCDXXVI	2427	MMCDXXVII	2428	MMCDXXVIII	2429	MMCDXXIX	2430	MMCDXXX
2431	MMCDXXXI	2432	MMCDXXXII	2433	MMCDXXXIII	2434	MMCDXXXIV	2435	MMCDXXXV
2436	MMCDXXXVI	2437	MMCDXXXVII	2438	MMCDXXXVIII	2439	MMCDXXXIX	2440	MMCDXL
2441	MMCDXLI	2442	MMCDLII	2443	MMCDLIII	2444	MMCDXLIV	2445	MMCDXLV
2446	MMCDXLVI	2447	MMCDLVII	2448	MMCDLVIII	2449	MMCDXLIX	2450	MMCDL

Roman Numerals

Arabic/Roman Numerals 2451 to 2500

2451	MMCDLI	2452	MMCDLII	2453	MMCDLIII	2454	MMCDLIV	2455	MMCDLV
2456	MMCDLVI	2457	MMCDLVII	2458	MMCDLVIII	2459	MMCDLIX	2460	MMCDLX
2461	MMCDLXI	2462	MMCDLXII	2463	MMCDLXIII	2464	MMCDLXIV	2465	MMCDLXV
2466	MMCDLXVI	2467	MMCDLXVII	2468	MMCDLXVIII	2469	MMCDLXIX	2470	MMCDLXX
2471	MMCDLXXI	2472	MMCDLXXII	2473	MMCDLXXIII	2474	MMCDLXXIV	2475	MMCDLXXV
2476	MMCDLXXVI	2477	MMCDLXXVII	2478	MMCDLXXVIII	2479	MMCDLXXIX	2480	MMCDLXXX
2481	MMCDLXXXI	2482	MMCDLXXXII	2483	MMCDLXXXIII	2484	MMCDLXXXIV	2485	MMCDLXXXV
2486	MMCDLXXXVI	2487	MMCDLXXXVII	2488	MMCDLXXXVIII	2489	MMCDLXXXIX	2490	MMCDXC
2491	MMCDXCI	2492	MMCDXCII	2493	MMCDXCIII	2494	MMCDXCIV	2495	MMCDXCV
2496	MMCDXCVI	2497	MMCDXCVII	2498	MMCDXCVIII	2499	MMCDXCIX	2500	MMD

I to MMM 1 to 3000

Arabic/Roman Numerals 2501 to 2550

2501	MMDI	2502	MMDII	2503	MMDIII	2504	MMDIV
2505	MMDV	2506	MMDVI	2507	MMDVII	2508	MMDVIII
2509	MMDIX	2510	MMDX	2511	MMDXI	2512	MMDXII
2513	MMDXIII	2514	MMDXIV	2515	MMDXV	2516	MMDXVI
2517	MMDXVII	2518	MMDXVIII	2519	MMDXIX	2520	MMDXX
2521	MMDXXI	2522	MMDXXII	2523	MMDXXIII	2524	MMDXXIV
2525	MMDXXV	2526	MMDXXVI	2527	MMDXXVII	2528	MMDXXVIII
2529	MMDXXIX	2530	MMDXXX	2531	MMDXXXI	2532	MMDXXXII
2533	MMDXXXIII	2534	MMDXXXIV	2535	MMDXXXV	2536	MMDXXXVI
2537	MMDXXXVII	2538	MMDXXXVIII	2539	MMDXXXIX	2540	MMDXL
2541	MMDXLI	2542	MMDXLII	2543	MMDXLIII	2544	MMDXLIV
2545	MMDXLV	2546	MMDXLVI	2547	MMDXLVII	2548	MMDXLVIII
2549	MMDXLIX	2550	MMDL				

Arabic/Roman Numerals 2551 to 2600

2551	MMDLI	2552	MMDLII	2553	MMDLIII	2554	MMDLIV	2555	MMDLV
2556	MMDLVI	2557	MMDLVII	2558	MMDLVIII	2559	MMDLIX	2560	MMDLX
2561	MMDLXI	2562	MMDLXII	2563	MMDLXIII	2564	MMDLXIV	2565	MMDLXV
2566	MMDLXVI	2567	MMDLXVII	2568	MMDLXVIII	2569	MMDLXIX	2570	MMDLXX
2571	MMDLXXI	2572	MMDLXXII	2573	MMDLXXIII	2574	MMDLXXIV	2575	MMDLXXV
2576	MMDLXXVI	2577	MMDLXXVII	2578	MMDLXXVIII	2579	MMDLXXIX	2580	MMDLXXX
2581	MMDLXXXI	2582	MMDLXXXII	2583	MMDLXXXIII	2584	MMDLXXXIV	2585	MMDLXXXV
2586	MMDLXXXVI	2587	MMDLXXXVII	2588	MMDLXXXVIII	2589	MMDLXXXIX	2590	MMDXC
2591	MMDXCI	2592	MMDXCII	2593	MMDXCIII	2594	MMDXCIV	2595	MMDXCV
2596	MMDXCVI	2597	MMDXCVII	2598	MMDXCVIII	2599	MMDXCIX	2600	MMDC

I to MMM 1 to 3000

Arabic/Roman Numerals 2601 to 2650

2601	MMDCI	2602	MMDCII	2603	MMDCIII	2604	MMDCIV	2605	MMDCV
2606	MMDCVI	2607	MMDCVII	2608	MMDCVIII	2609	MMDCIX	2610	MMDCX
2611	MMDCXI	2612	MMDCXII	2613	MMDCXIII	2614	MMDCXIV	2615	MMDCXV
2616	MMDCXVI	2617	MMDCXVII	2618	MMDCXVIII	2619	MMDCXIX	2620	MMDCXX
2621	MMDCXXI	2622	MMDCXXII	2623	MMDCXXIII	2624	MMDCXXIV	2625	MMDCXXV
2626	MMDCXXVI	2627	MMDCXXVII	2628	MMDCXXVIII	2629	MMDCXXIX	2630	MMDCXXX
2631	MMDCXXXI	2632	MMDCXXXII	2633	MMDCXXXIII	2634	MMDCXXXIV	2635	MMDCXXXV
2636	MMDCXXXVI	2637	MMDCXXXVII	2638	MMDCXXXVIII	2639	MMDCXXXIX	2640	MMDCXL
2641	MMDCXLI	2642	MMDCLII	2643	MMDCLIII	2644	MMDCXLIV	2645	MMDCXLV
2646	MMDCXLVI	2647	MMDCLVII	2648	MMDCLVIII	2649	MMDCXLIX	2650	MMDCL

Arabic/Roman Numerals 2651 to 2700

2651	MMDCLI	2652	MMDCLII	2653	MMDCLIII	2654	MMDCLIV	2655	MMDCLV
2656	MMDCLVI	2657	MMDCLVII	2658	MMDCLVIII	2659	MMDCLIX	2660	MMDCLX
2661	MMDCLXI	2662	MMDCLXII	2663	MMDCLXIII	2664	MMDCLXIV	2665	MMDCLXV
2666	MMDCLXVI	2667	MMDCLXVII	2668	MMDCLXVIII	2669	MMDCLXIX	2670	MMDCLXX
2671	MMDCLXXI	2672	MMDCLXXII	2673	MMDCLXXIII	2674	MMDCLXXIV	2675	MMDCLXXV
2676	MMDCLXXVI	2677	MMDCLXXVII	2678	MMDCLXXVIII	2679	MMDCLXXIX	2680	MMDCLXXX
2681	MMDCLXXXI	2682	MMDCLXXXII	2683	MMDCLXXXIII	2684	MMDCLXXXIV	2685	MMDCLXXXV
2686	MMDCLXXXVI	2687	MMDCLXXXVII	2688	MMDCLXXXVIII	2689	MMDCLXXXIX	2690	MMDCXC
2691	MMDCXCI	2692	MMDCXCII	2693	MMDCXCIII	2694	MMDCXCIV	2695	MMDCXCV
2696	MMDCXCVI	2697	MMDCXCVII	2698	MMDCXCVIII	2699	MMDCXCIX	2700	MMDCC

I to MMM 1 to 3000

Arabic/Roman Numerals 2701 to 2750

2701	MMDCCI	2702	MMDCCII	2703	MMDCCIII	2704	MMDCCIV	2705	MMDCCV
2706	MMDCCVI	2707	MMDCCVII	2708	MMDCCVIII	2709	MMDCCIX	2710	MMDCCX
2711	MMDCCXI	2712	MMDCCXII	2713	MMDCCXIII	2714	MMDCCXIV	2715	MMDCCXV
2716	MMDCCXVI	2717	MMDCCXVII	2718	MMDCCXVIII	2719	MMDCCXIX	2720	MMDCCXX
2721	MMDCCXXI	2722	MMDCCXXII	2723	MMDCCXXIII	2724	MMDCCXXIV	2725	MMDCCXXV
2726	MMDCCXXVI	2727	MMDCCXXVII	2728	MMDCCXXVIII	2729	MMDCCXXIX	2730	MMDCCXXX
2731	MMDCCXXXI	2732	MMDCCXXXII	2733	MMDCCXXXIII	2734	MMDCCXXXIV	2735	MMDCCXXXV
2736	MMDCCXXXVI	2737	MMDCCXXXVII	2738	MMDCCXXXVIII	2739	MMDCCXXXIX	2740	MMDCCXL
2741	MMDCCXLI	2742	MMDCCXLII	2743	MMDCCXLIII	2744	MMDCCXLIV	2745	MMDCCXLV
2746	MMDCCXLVI	2747	MMDCCXLVII	2748	MMDCCXLVIII	2749	MMDCCXLIX	2750	MMDCCL

Arabic/Roman Numerals 2751 to 2800

2751	MMDCCLI	2752	MMDCCLII	2753	MMDCCLIII	2754	MMDCCLIV	2755	MMDCCLV
2756	MMDCCLVI	2757	MMDCCLVII	2758	MMDCCLVIII	2759	MMDCCLIX	2760	MMDCCLX
2761	MMDCCLXI	2762	MMDCCLXII	2763	MMDCCLXIII	2764	MMDCCLXIV	2765	MMDCCLXV
2766	MMDCCLXVI	2767	MMDCCLXVII	2768	MMDCCLXVIII	2769	MMDCCLXIX	2770	MMDCCLXX
2771	MMDCCLXXI	2772	MMDCCLXXII	2773	MMDCCLXXIII	2774	MMDCCLXXIV	2775	MMDCCLXXV
2776	MMDCCLXXVI	2777	MMDCCLXXVII	2778	MMDCCLXXVIII	2779	MMDCCLXXIX	2780	MMDCCLXXX
2781	MMDCCLXXXI	2782	MMDCCLXXXII	2783	MMDCCLXXXIII	2784	MMDCCLXXXIV	2785	MMDCCLXXXV
2786	MMDCCLXXXVI	2787	MMDCCLXXXVI I	2788	MMDCCLXXXVII I	2789	MMDCCLXXXIX	2790	MMDCCXC
2791	MMDCCXCI	2792	MMDCCXCII	2793	MMDCCXCIII	2794	MMDCCXCIV	2795	MMDCCXCV
2796	MMDCCXCVI	2797	MMDCCXCVII	2798	MMDCCXCVIII	2799	MMDCCXCIX	2800	MMDCCC

I to MMM 1 to 3000

Arabic/Roman Numerals 2801 to 2850

2801	MMDCCCI	2802	MMDCCCII	2803	MMDCCCIII	2804	MMDCCCIV	2805	MMDCCCV
2806	MMDCCCVI	2807	MMDCCCVII	2808	MMDCCCVIII	2809	MMDCCCIX	2810	MMDCCCX
2811	MMDCCCXI	2812	MMDCCCXII	2813	MMDCCCXIII	2814	MMDCCCXIV	2815	MMDCCCXV
2816	MMDCCCXVI	2817	MMDCCCXVII	2818	MMDCCCXVIII	2819	MMDCCCXIX	2820	MMDCCCXX
2821	MMDCCCXXI	2822	MMDCCCXXII	2823	MMDCCCXXIII	2824	MMDCCCXXIV	2825	MMDCCCXXV
2826	MMDCCCXXVI	2827	MMDCCCXXVII	2828	MMDCCCXXVIII	2829	MMDCCCXXIX	2830	MMDCCCXXX
2831	MMDCCCXXXI	2832	MMDCCCXXXII	2833	MMDCCCXXXIII	2834	MMDCCCXXXIV	2835	MMDCCCXXXV
2836	MMDCCCXXXVI	2837	MMDCCCXXXVII	2838	MMDCCCXXXVIII	2839	MMDCCCXXXIX	2840	MMDCCCXL
2841	MMDCCCXLI	2842	MMDCCCXLII	2843	MMDCCCXLIII	2844	MMDCCCXLIV	2845	MMDCCCXLV
2846	MMDCCCXLVI	2847	MMDCCCXLVII	2848	MMDCCCXLVIII	2849	MMDCCCXLIX	2850	MMDCCCL

Arabic/Roman Numerals 2851 to 2900

2851	MMDCCCLI	2852	MMDCCCLII	2853	MMDCCCLIII	2854	MMDCCCLIV	2855	MMDCCCLV
2856	MMDCCCLVI	2857	MMDCCCLVII	2858	MMDCCCLVIII	2859	MMDCCCLIX	2860	MMDCCCLX
2861	MMDCCCLXI	2862	MMDCCCLXII	2863	MMDCCCLXIII	2864	MMDCCCLXIV	2865	MMDCCCLXV
2866	MMDCCCLXVI	2867	MMDCCCLXVII	2868	MMDCCCLXVIII	2869	MMDCCCLXIX	2870	MMDCCCLXX
2871	MMDCCCLXXI	2872	MMDCCCLXXII	2873	MMDCCCLXXIII	2874	MMDCCCLXXIV	2875	MMDCCCLXXV
2876	MMDCCCLXXVI	2877	MMDCCCLXXVII	2878	MMDCCCLXXVIII	2879	MMDCCCLXXIX	2880	MMDCCCLXXX
2881	MMDCCCLXXXI	2882	MMDCCCLXXXII	2883	MMDCCCLXXXIII	2884	MMDCCCLXXXIV	2885	MMDCCCLXXXV
2886	MMDCCCLXXXVI	2887	MMDCCCLXXXVII	2888	MMDCCCLXXXVIII	2889	MMDCCCLXXXIX	2890	MMDCCCXC

I to MMM 1 to 3000

2891 MMDCC CXCI	2892 MMDCC CXCII	2893 MMDCC CXCIII	2894 MMDCC CXCIV	2895 MMDCC CXCV
2896 MMDCC CXCVI	2897 MMDCC CXCVII	2898 MMDCC CXCVIII	2899 MMDCC CXCIX	2900 MMCM

Roman Numerals

Arabic/Roman Numerals 2901 to 2950

2901	MMCMI	2902	MMCMII	2903	MMCMIII	2904	MMCMIV	2905	MMCMV
2906	MMCMVI	2907	MMCMVII	2908	MMCMVIII	2909	MMCMIX	2910	MMCMX
2911	MMCMXI	2912	MMCMXII	2913	MMCMXIII	2914	MMCMXIV	2915	MMCMXV
2916	MMCMXVI	2917	MMCMXVII	2918	MMCMXVIII	2919	MMCMXIX	2920	MMCMXX
2921	MMCMXXI	2922	MMCMXXII	2923	MMCMXXIII	2924	MMCMXXIV	2925	MMCMXXV
2926	MMCMXXVI	2927	MMCMXXVII	2928	MMCMXXVIII	2929	MMCMXXIX	2930	MMCMXXX
2931	MMCMXXXI	2932	MMCMXXXII	2933	MMCMXXXIII	2934	MMCMXXXIV	2935	MMCMXXXV
2936	MMCMXXXVI	2937	MMCMXXXVII	2938	MMCMXXXVIII	2939	MMCMXXXIX	2940	MMCMXL
2941	MMCMXLI	2942	MMCMXLII	2943	MMCMXLIII	2944	MMCMXLIV	2945	MMCMXLV
2946	MMCMXLVI	2947	MMCMXLVII	2948	MMCMXLVIII	2949	MMCMXLIX	2950	MMCML

I to MMM 1 to 3000

Arabic/Roman Numerals 2951 to 3000

2951	MMCMLI	2952	MMCMLII	2953	MMCMLIII	2954	MMCMLIV	2955	MMCMLV
2956	MMCMLVI	2957	MMCMLVII	2958	MMCMLVIII	2959	MMCMLIX	2960	MMCMLX
2961	MMCMLXI	2962	MMCMLXII	2963	MMCMLXIII	2964	MMCMLXIV	2965	MMCMLXV
2966	MMCMLXVI	2967	MMCMLXVII	2968	MMCMLXVIII	2969	MMCMLXIX	2970	MMCMLXX
2971	MMCMLXXI	2972	MMCMLXXII	2973	MMCMLXXIII	2974	MMCMLXXIV	2975	MMCMLXXV
2976	MMCMLXXVI	2977	MMCMLXXVII	2978	MMCMLXXVIII	2979	MMCMLXXIX	2980	MMCMLXXX
2981	MMCMLXXXI	2982	MMCMLXXXII	2983	MMCMLXXXIII	2984	MMCMLXXXIV	2985	MMCMLXXXV
2986	MMCMLXXXVI	2987	MMCMLXXXVII	2988	MMCMLXXXVIII	2989	MMCMLXXXIX	2990	MMCMXC
2991	MMCMXCI	2992	MMCMXCII	2993	MMCMXCIII	2994	MMCMXCIV	2995	MMCMXCV
2996	MMCMXCVI	2997	MMCMXCVII	2998	MMCMXCVIII	2999	MMCMXCIX	3000	MMM

www.ingramcontent.com/pod-product-compliance
Lightning Source LLC
Chambersburg PA
CBHW071811170526
45167CB00003B/1268